내 안의 우주

마이크로바이옴 생활의학

내 안의 우주

마이크로바이옴 생활의학

1쇄 인쇄 2024년 9월 10일
1쇄 발행 2024년 9월 20일

지은이 | 김혜성
펴낸이 | 황인성
펴낸곳 | (주) 닥스메디
판매대행 | 파라북스 (02-322-5353)

등록번호 | 제 2023-000049 호
등록일자 | 2023년 2월 24일

주소 | 경기도 고양시 일산서구 강성로 143 4층(주엽동)
전화 | 031-922-2240 팩스 | 031-365-4597
홈페이지 | https://www.docsmedi.kr

ISBN 979-11-98315-1-0 (03470)

* 값은 표지 뒷면에 있습니다.

내 안의 우주

마이크로바이옴 생활의학

김혜성 지음

DOCSMEDI

머리말

나는 통생명체입니다

이 책을 짧습니다. 한두 시간이면 모두 볼 수 있습니다. 하지만 이 책은 짧지 않습니다. 연결되어 있는 블로그에는 책 내용을 보완하기 위한 많은 내용과 참고문헌들이 담겨 있습니다.

이 책은 현대적입니다. 21세기부터 시작된 미생물에 대한 혁명적 관점 변화를 담고 있습니다. 하지만 이 책은 오래된 선조들의 지혜, 기나긴 생명진화의 신비를 담고 있기도 합니다.

마이크로바이옴 Microbiome

인체 내 미생물 유전자 정보 전체를 의미하는 말로, 우리 몸에 사는 미생물 군집 전체를 가리킬 때 사용합니다.

나는 호모사피엔스입니다. 하나의 생명체로, 거대 다세포 유기체로, 동물로 생명을 유지합니다. 하지만 나는 호모사피엔스만이 아닙니다. 내 몸에는 대략 100조 마리의 보이지 않는 동반자, 미생물이 함께 삽니다.

이 미생물들을 통틀어 마미크로바이옴Microbiome이라고 합니다. 마이크로바이옴은 우리 몸에 살고 있는 수많은 미생물들의 집합체라고 할 수 있어요.

우리 몸을 하나의 도시라고 생각해 볼까요? 이 도시에는 다양한 주민들미생물들이 살고 있습니다. 피부, 입, 코, 장 등 몸의 곳곳에 이 '미생물 주민들'이 살고 있죠.

이 미생물 주민들은 단순히 우리 몸에 얹혀사는 것이 아니라, 우리 건강에 중요한 역할을 합니다. 마치 도시의 다양한 직업군처럼 말이죠. 예를 들어 볼까요?

장내 미생물은 소화를 돕는 요리사 역할을 합니다. 우리가 먹은 음식을 분해하고 영양분을 만들어내죠. 피부 미생물은 경찰관 역할을 하며 해로운 균들이 침입하지 못하게 막아줍니다. 또 구강 미생물은 환경미화원처럼 입안을 청소하고 균형을 유지합니다.

이처럼 미생물들은 피부, 구강, 장, 폐 등 내 몸 곳곳에 살면서 나의 건강과 질병, 생명유지를 함께 만들어 갑니다. 그래서 우리는 우리 몸을 미생물과 나의 통합체, 통생명체로 인식해야 합니다. 이 책은 통생명체holobiont에 대한 책입니다.

이 책은 쉽습니다. 매일의 샤워, 이닦기, 아침 볼일 보기, 여성의 질 건강관리 등에 대한 얘기이니까요. 하지만 이 책은 쉽지 않습니다. 이 책 자체나, 글과 연결되어 있는 블로그포스트와 유튜브 내용은 나름 심오한 미생물에 대한 지식과 관점이 담겨 있습니다.

이 책을 짧습니다. 쉽게 휘리릭 보시면 한두 시간이면 모두 볼 수 있습니다. 하지만 이 책은 짧지 않습니다. 연결되어 있는 블로그에는 책 내용을 보완하기 위한 많은 내용과 참고문헌들이 담겨 있습니다.

이 책은 현대적입니다. 21세기부터 시작된 미생물에 대한 혁명적 관점 변화를 담고 있습니다. 하지만 이 책은 오래된 선조들의 지혜, 기나긴 생명진화의 신비를 담고 있기도 합니다.

이 책은 제가 썼습니다. 지금 서문도 쓰고 있으니까요. 하지만 이 책은 제가 쓰지 않았습니다. 최근 핫한 AI, 그 중에서도 클로드라는 인공지능도 함께 썼습니다. 감수를 해주신 저희 병원 건강검진센터의 산부인과 전문의 김창기 센터장님과, 이 책의 편집자, 유튜브와 클로드 아티팩트 퀴즈를 만든 저희 병원의 직원들도 함께 힘을 보탰습니다.

이 책은 간단한 과학서적입니다. 동시에 이 책은 여러분의 일상을 바꿀 수 있는 실용적 건강가이드이기도 합니다. 각 장 끝에 붙어 있는 QR 코드로, 더 자세한 정보와 실천 방법을 유튜브 동영상, 블로그 포스트, 그리고 인터랙티브 콘텐츠를 통해 확인할 수 있습니다.

자, 이제 우리 안의 작은 우주로 떠나볼까요? 놀라운 여정이 여러분을 기다리고 있습니다!

이른 아침, 김혜성 씀

차례

서문

우리 안의 작은 우주를 만나다

이 책을 통해 여러분이 자신의 몸을
새로운 시각으로 바라보게 되기를 희망합니다.
우리 몸 안의 작은 우주를 탐험하는 이 여행이
여러분의 삶을 풍요롭게 만들 것이라 확신합니다.

통생명체 Holobiont
우리 몸을 거대한 생태계, 인간 세포와 미생물이 하나로 융합된 복합 생명체로 보는 개념입니다.

우리는 혼자가 아닙니다. 지금 이 순간에도 우리 몸 안에 살고있는 수조 개의 미생물과 함께 살아가고 있습니다. 이 작은 생명체들은 단순히 우리 몸에 붙어사는 게 아니라, 우리와 함께 호흡하고, 소화하고, 생각하며, 심지어 감정을 나누고 있습니다.

그저 '하나의 인간'이라고 생각했던 우리는 사실 거대한 생태계, 즉 '통생명체Holobiont'입니다. 이는 인간 세포와 미생물이 하나로 융합된 복합 생명체를 의미합니다. 우리의 건강, 행복, 그리고 삶의 질은 이 복잡한 생태계의 균형에 달려있습니다.

이 책은 여러분을 놀라운 여행으로 안내합니다. 우리 몸 곳곳에 숨어있는 미생물의 세계, 그리고 그들이 우리의 건강에 미치는 영향을 탐험하게 될 것입니다. 구강, 장, 폐, 피부, 그리고 여성의 질에 이르기까지, 각 부위별로 독특한 미생물 생태계가 어떻게 형성되고 작용하는지 알아볼 것입니다. 더 나아

미생물과의 공존

세균이라고 하면 없애야 한다고 생각하시나요? 이제 그들과 어떻게 공존하고 협력할 것인가를 고민해야 할 때입니다.

가 이 작은 친구들이 우리의 마음 건강에도 큰 영향을 미친다는 놀라운 사실도 발견하게 될 것입니다.

하지만 이 책은 단순한 과학 서적이 아닙니다. 이는 여러분의 일상을 바꿀 수 있는 실용적인 건강 가이드이기도 합니다. 각 장의 끝에는 QR 코드가 있어, 더 자세한 정보와 실천 방법을 동영상, 블로그 포스트, 그리고 인터랙티브 콘텐츠를 통해 확인할 수 있습니다.

우리는 지금까지 '세균'이라고 하면 없애야 할 대상으로만 여겼습니다. 하지만 이제는 그들과 어떻게 공존하고 협력할 것인가를 고민해야 할 때입니다. 이 책을 통해 여러분은 자신의 몸을 새로운 시각으로 바라보게 될 것입니다. 그리고 더 건강하고 행복한 삶을 위한 새로운 방법을 발견하게 될 것입니다.

자, 이제 우리 안의 작은 우주로 떠나볼까요? 놀라운 발견이 여러분을 기다리고 있습니다!

그저 '하나의 인간'이라고 생각했던 우리는
거대한 생태계, 즉 '통생명체Holobiont'입니다.
이는 인간 세포와 미생물이 하나로 융합된
복합 생명체를 의미합니다.
우리의 건강, 행복, 그리고 삶의 질은
이 복잡한 생태계의 균형에 달려있습니다.

1장

우리 몸, 미생물의 우주

우리 몸에는 대략 30조 개에 이르는 우리 몸 세포보다
더 많은 약 100조 개의 미생물이 살고 있습니다.
미생물에게는 우리 몸이 거대한 우주인 거죠.

우리 몸이 얼마나 많은 세포로 이루어져 있는지 아시나요? 대략 30조 개라고 합니다. 놀랍죠? 하지만 더 놀라운 사실이 있습니다. 우리 몸에는 인간 세포보다 훨씬 더 많은, 약 100조 개의 미생물이 살고 있다는 거예요!

이 작은 친구들은 우리 몸 곳곳에 퍼져 있습니다. 피부, 입, 코, 장……, 심지어 우리가 무균지대라고 생각했던 폐에도 미생물이 살고 있어요. 이들은 각자의 역할을 하며 우리 몸과 함께 살아가고 있습니다.

미생물은 우리에게 매우 중요합니다. 예를 들어, 장내 미생물은 우리가 소화하지 못하는 음식을 분해해 주고, 피부의 미생물은 해로운 균들이 피부에 살지 못하게 막아서 우리를 보호해 줍니다. 심지어 우리의 면역 체계와 정신 건강에도 영향을 미친답니다.

하지만 모든 미생물이 이로운 것은 아닙니다. 일부는 질병을 일으킬 수 있습니다. 코로나19 바이러스처럼 말이죠.

중요한 것은 '균형'

좋은 미생물과 나쁜 미생물 사이의 균형, 그리고 미생물과 우리 몸 사이의 균형이 건강의 비결입니다.

그래서 중요한 것이 '균형'입니다. 좋은 미생물과 나쁜 미생물 사이의 균형, 그리고 미생물과 우리 몸 사이의 균형이 건강의 비결이죠.

이런 관점에서 볼 때, 우리는 단순한 '인간'이 아니라 인간 세포와 미생물이 조화롭게 공존하는 하나의 생태계, 즉 '통생명체'라고 할 수 있습니다. 우리의 건강을 지키기 위해서는 이 생태계 전체를 관리해야 하는 거죠.

앞으로의 장들에서 우리는 몸의 각 부위별로 어떤 미생물들이 살고 있는지, 그리고 그들이 우리의 건강에 어떤 영향을 미치는지 자세히 알아볼 거예요. 그리고 이 놀라운 미생물 생태계를 건강하게 유지하려면 어떻게 해야 하는지도 함께 탐구해 볼 거예요.

자, 이제 우리 몸 속 미생물의 세계로 깊이 들어가 볼까요?

숫자로 본 우리 몸 미생물

100조
우리 몸 미생물 수는 우리 몸 세포 수보다 1.3배 정도 많은 100조 정도로 추정됩니다.

90%
우리 몸이 건강한 상태를 유지할지 질병 상태로 갈지는 90% 정도가 미생물에 의해 결정됩니다.

150배
우리 몸 미생물 유전자를 모두 합치면 우리 몸보다 150배 정도 많습니다.

95%
펼쳐 놓으면 테니스장 2개 크기만 한 장속에 우리 몸 미생물의 95%가 살고 있습니다.

모든 사람이 마치 지문처럼 독특한 세균 군집을 가지고 있습니다.

지구 2.5바퀴
우리 몸 미생물을 모두 일렬로 세우면 지구 2.5바퀴를 돌 정도입니다.

5배
우리 몸에 사는 바이러스는 세균보다 5배가량 많습니다.

2kg
종(species)으로 살펴보면 1만 종 이상이 살고 있고, 무게는 2kg 정도 됩니다.

난 황색포도상구균!
특히 피부에 많이 살죠.

인간의 몸에서 살아간다고
우리 삶이 순조로운 것은 아니에요.
요즘은 사람들이 우리가 좋아하는 먹이는 안 먹고
약을 너무 많이 먹어요. 특히 항생제는
우리에겐 폭탄이나 다름없죠. 이렇게 대립이 계속된다면
우리도 인간도 살아가기 어려워질 뿐이에요!

Scan and connect

- 유튜브에 연결해서 복잡한 과학적 개념을 생동감 있는 애니메이션으로 만나 보세요.
- 좀 더 자세히 알고 싶으신가요? 수많은 연구결과를 정리한 블로그에서 확인하세요.
- 클로드 아티팩트로 생성한 퀴즈를 풀고 게임도 하면서 새로 알게 된 내용을 확인해 보세요. 미션을 클리어해서 보상도 받으세요.

유튜브 쇼츠

우리가 몰랐던
미생물의 세계

최신 연구로 알아보는

미생물에 대한 인식의 변화,
염증과 감염, 통생명체

퀴즈

미생물학의 변화와
인체 미생물

2장

구강 건강

입속 생태계의 비밀

우리의 입은 놀라운 생태계입니다.
우리 몸에서 가장 많은 종류의 미생물이 사는 곳이죠.
이 작은 친구들은 우리 입 속 곳곳에 살고 있습니다.

면역 체계의 첫 번째 방어선

음식과 공기가 들어오는 구강은 미생물에게도 입구 역할을 합니다. 건강한 구강 생태계는 면역 체계의 우군이 돼죠.

여러분은 하루에 몇 번이나 이를 닦으시나요? 아마 대부분 하루 두 번 이상은 닦으실 거예요. 하지만 우리가 아무리 열심히 이를 닦아도 입 안의 세균들을 완전히 제거할 수는 없답니다. 사실, 그럴 필요도 없죠!

우리의 입은 놀라운 생태계입니다. 이 작은 친구들은 우리 입속 곳곳에 살고 있습니다. 혀 위, 치아와 잇몸 사이, 치아 표면……. 심지어 침 속에서도 떠다니고 있죠. 침 한 방울에는 약 7억 개의 세균이 있다고 해요.

이 미생물들은 크게 세 가지 역할을 합니다.

- **보호** 좋은 세균들이 나쁜 세균들의 침입을 막아줍니다.
- **소화** 입에서 소화 과정이 시작되는데, 이때 미생물들이 도와줍니다.
- **면역** 구강 미생물은 우리 면역 체계의 첫 번째 방어선 역할을 합니다.

구강 건강

건강한 구강은 '나쁜' 세균들을 적절히 제어하는 것에 달렸어요.
마치 정원을 가꾸듯이 입안의 생태계를 관리해야 하죠.

하지만 모든 미생물이 이로운 것은 아닙니다. 예를 들어, 충치의 주범으로 알려진 뮤탄스 연쇄상구균*Streptococcus mutans*은 설탕을 먹고 산을 만들어 치아를 부식시킵니다. 충치는 이렇게 생기는 거죠.

그렇다고 해서 이 세균을 완전히 없애버리면 될까요? 그렇지 않습니다. 건강한 구강 상태란, 이런 '나쁜' 세균들의 수를 적절히 제어하는 것이에요. 마치 정원을 가꾸듯이, 우리는 입안의 생태계를 관리해야 합니다.

그럼 어떻게 구강 생태계를 건강하게 유지할 수 있을까요?

• 다양한 식단	다양한 음식을 먹으면 다양한 미생물이 자랄 수 있어요.
• 적절한 청결	알코올 함유 가글이나 계면활성제 치약 사용 등 지나친 세정은 오히려 해로울 수 있습니다.
• 프로바이오틱스	유산균 같은 좋은 세균 보충에 도움이 됩니다.
• 스트레스 관리	스트레스는 구강 건강에도 나쁜 영향을 미칩니다.

치주질환 환자의 정상인 대비 전신질환 발생율

류마티스성 관절염 1.7배
만성 치주염, 임플란트 주위염

조산 위험 최대 7배
치주염, 임플란트 주위염

저체중아 위험 7배
만성 치주염,
임플란트 주위염

심혈관 질환 2.2배
치주염, 임플란트 주위염
치주 · 치근단 질환, 치주골 감염

혈관성 치매 1.7배
난치성 치주염, 치조골 감염

당뇨병 6배
만성 치주염, 임플란트 주위염,
치조골 감염

뇌졸중 2.8배
치주염, 임플란트 주위염

특히 주목할 만한 것은 구강 건강과 전신 건강의 관계입니다. 최근 연구에 따르면, 구강 건강이 좋지 않으면 심장 질환, 당뇨병, 심지어 치매의 위험도 높아진다고 해요. 이는 구강 미생물이 혈관을 통해 전신으로 퍼질 수 있기 때문입니다.

또 흥미로운 점은 구강 미생물이 우리의 입맛에도 영향을 준다는 거예요. 예를 들어, 특정 미생물이 많으면 단 음식을 더 좋아하게 될 수 있답니다.

마지막으로, 우리가 흔히 사용하는 구강 관리 제품들에 대해 다시 생각해볼 필요가 있습니다. 강한 항균 성분이 들어간 치약이나 구강 세정제는 단기적으로는 효과가 있을지 모르지만, 장기적으로는 구강 생태계의 균형을 무너뜨릴 수 있어요. 대신 순한 성분의 제품을 사용하고, 자연스러운 방법으로 구강 건강을 관리하는 것이 좋습니다.

구강 건강은 단순히 충치나 입 냄새를 없애는 것이 아닙니다. 우리 몸 전체의 건강과 직결되어 있는 거죠. 입 속 작은 우주의 균형을 지키는 것, 그것이 진정한 구강 건강의 비결입니다.

구강 관리에 사용하는 제품들을
살펴보세요. 강한 항균 성분이 없고
자연 성분으로 만든 제품이
장기적으로 구강 생태계의
균형을 유지할 수 있습니다.
입속 작은 우주의 균형 지키기,
그것이 진정한 구강 건강의
비결입니다.

건강은

구강 관리에서 시작됩니다.

입은 우리 몸의 입구이기도 하고

미생물의 입구이기도 합니다.

칫솔, 이만 닦는 것이 아닙니다.

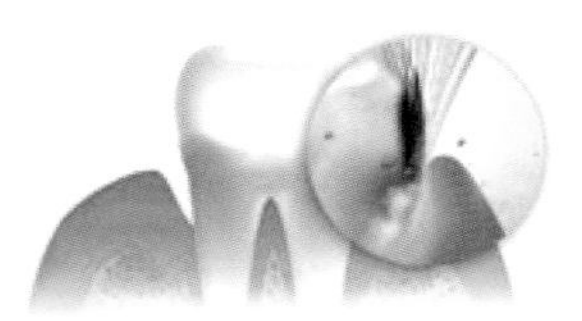

중요한 것은 잇몸

칫솔을 자주 교체하고, 치과에서 칫솔과 치간칫솔의 올바른 사용법을 코칭 받으세요.

치약, 비누가 아닙니다.

합성 계면활성제가 없는 치약

자극적인 화학성분 NO! 천연성분 치약을 권합니다. 양치 후 사과맛이 그대로라면 천연성분 치약!

가글, 알코올이 아닙니다.

알코올이 없는 가글액

입마름을 유발하는 알코올과 화학성분은 빼고, 천연향균 성분으로 만든 가글액을 권합니다.

프로바이오틱스, 구강에서 장까지

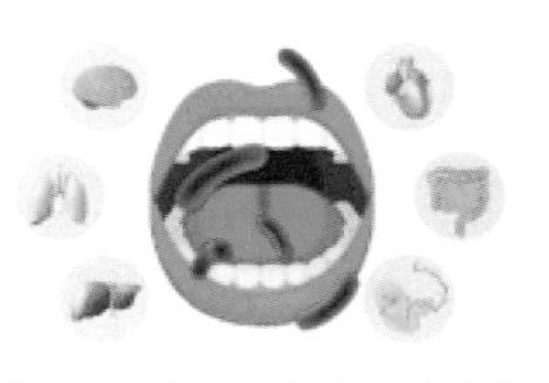

입속 세균 관리로 전신 건강까지

항생제는 꼭 필요한 때! 프로바이오틱스로 좋은 미생물 보충! 건강은 미생물의 균형이 중요합니다.

Scan and connect

- 유튜브에 연결해서 복잡한 과학적 개념을 생동감 있는 애니메이션으로 만나 보세요.
- 좀 더 자세히 알고 싶으신가요? 수많은 연구결과를 정리한 블로그에서 확인하세요.
- 클로드 아티팩트로 생성한 퀴즈를 풀고 게임도 하면서 새로 알게 된 내용을 확인해 보세요. 미션을 클리어해서 보상도 받으세요.

Claude Artifacts

유튜브 쇼츠
나의 구강 세균 관리법

최신 연구로 알아보는
구강 미생물과 관리방법

퀴즈
구강건강과 미생물

장 건강

제2의 뇌 지키기

배짱이 두둑하려면 배가 든든해야 한다는 생각은
근거가 두둑한 생각입니다.
장 건강이 온 몸 건강, 나아가 뇌 건강으로 연결됩니다.

제2의 뇌, 장

수십 조의 미생물이 살아가는 거대한 생태계이자, 뇌 다음으로 많은 신경 세포가 모여 있는 장은 제2의 뇌입니다.

'배짱'이라는 말을 들어보셨나요? 비슷한 배경을 가진 영어 표현으로 gut feeling이 있습니다. 우리 인류는 이미 오래전부터 장과 마음이 밀접하게 연결된다는 것을 알고 있었던 것 같아요. 그 연결고리를 현대 과학은 이제야 밝혀내고 있답니다.

우리의 장은 단순한 소화기관이 아닙니다. 약 수십 조의 미생물이 살아가는 거대한 생태계이자, 뇌 다음으로 많은 신경 세포가 모여 있는 '제2의 뇌'입니다.

장 미생물은 정말 다양해요. 주요 세균으로는 문phylum 단위로 보면 의간균*Bacteroidetes*, 후벽균*Firmicutes*, 방선균*Actinobacteria* 등이 있습니다. 이들은 각자의 역할을 하며 우리 건강에 큰 영향을 미칩니다.

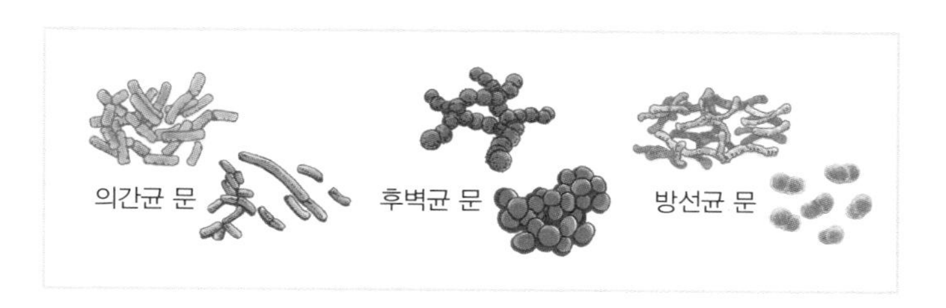

문어발 장 미생물

직접적으로든 간접적으로든 우리 몸에서 장 미생물이 영향을 미치지 않는 곳은 없습니다.

장 미생물이 어떤 역할을 하는지 살펴볼까요.

- **소화와 영양 흡수** 장 미생물은 우리가 소화하지 못하는 식이 섬유를 분해하고, 비타민 B, K를 생산합니다.
- **면역 체계 강화** 장 미생물의 70% 이상이 우리 몸의 면역 세포와 상호작용합니다.
- **정신 건강 조절** 장 미생물은 세로토닌 등 신경전달물질 생성에 관여해 우리의 기분과 행동에 영향을 줍니다.
- **대사 조절** 장 미생물 균형이 깨지면 비만, 당뇨병 등 대사 질환의 위험이 높아집니다.

하지만 현대인의 장 건강은 위협받고 있어요. 항생제의 과다 사용, 스트레스, 서구화된 식단 등이 주요 원인입니다. 이로 인해 장 미생물의 다양성이 줄어들고, 그 결과 다양한 건강 문제가 발생할 수 있습니다.

온 몸에 영향을 미치는 장 미생물

장은 뇌, 폐, 간, 신장, 피부, 여성의 질 등 온몸에 영향을 미칩니다. 신경전달물질이나 호르몬, 장 미생물을 통해 다양한 장기와 쌍방향 소통하면서 상호작용을 하죠.

특히 뇌, 폐, 피부, 여성의 질과의 상호작용은 많은 연구가 이루어졌고, 장과 각각의 장기를 연결하는 축이 있다는 개념은 이제 널리 받아들여지고 있습니다.

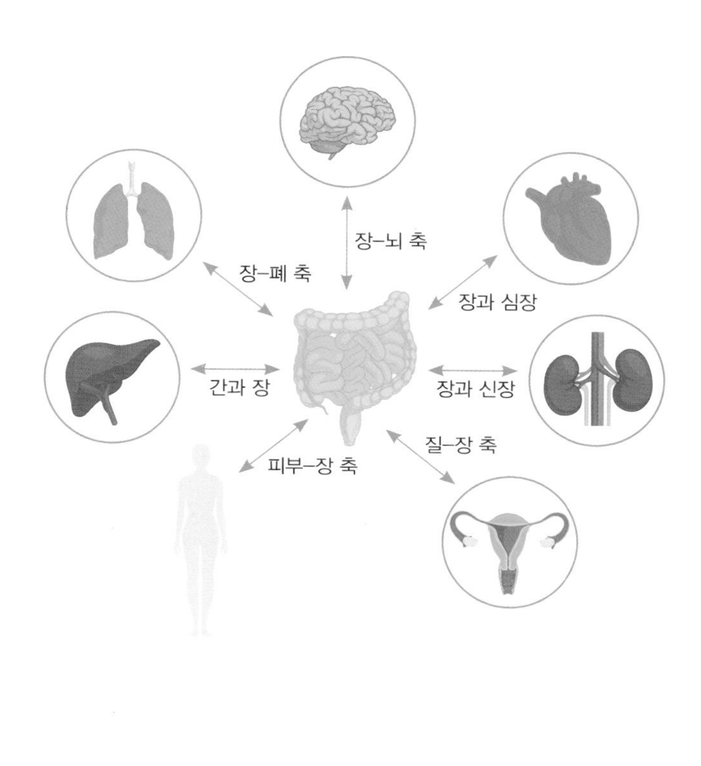

우리도 장 미생물도 건강하게

우리를 건강하게 하는 것은 미생물 생태계도 건강하게 만듭니다.
식이섬유, 발효식품, 규칙적인 운동 잊지 말아요.

그렇다면 어떻게 하면 장 미생물 생태계를 건강하게 유지할 수 있을까요?

• 다양한 식이섬유 섭취	과일, 채소, 통곡물 등 식이섬유가 풍부한 식품은 미생물에게 좋은 먹이가 됩니다.
• 발효식품 즐기기	김치, 된장, 요구르트 등 발효식품은 프로바이오틱스의 훌륭한 공급원입니다.
• 약물, 특히 항생제 줄이기	꼭 필요한 경우가 아니라면 항생제 사용을 자제하세요.
• 스트레스 관리	만성 스트레스는 장 미생물 균형을 무너뜨립니다.
• 규칙적인 운동	적당한 운동은 장 미생물 다양성을 높입니다. 다양성이 높아야 건강한 사회죠.

특히 주목할 만한 것은 장-뇌 축Gut-Brain Axis이라는 개념입니다. 장과 뇌는 미주신경을 통해 직접 연결되어 있고, 장내 미생물은 이 소통에 중요한 역할을 합니다. 최근 연구들은 장

약은 쉽지만 위험부담이 따릅니다.

그에 비하면 운동이나 식습관 같은

생활습관을 바꾸는 것은

어렵고 길지만

건강을 향해 뻗어 있는

확실한 길입니다.

장-뇌 축

장과 뇌는 미주신경을 통해 직접 연결되어 있고, 이를 장-뇌 축이라 하는데, 장 미생물은 이 소통에 중요한 역할을 합니다.

미생물이 우울증, 불안장애, 자폐증 등 다양한 정신 건강 문제와 연관이 있다는 것을 보여주고 있어요.

예를 들어, 프로바이오틱스를 섭취하면 스트레스 호르몬 수치가 낮아지고 기분이 좋아진다는 연구 결과가 있습니다. 또 장 미생물 구성이 파킨슨병이나 알츠하이머병과 같은 퇴행성 뇌 질환과도 연관이 있다는 증거들이 나오고 있죠.

이처럼 장 건강은 단순히 소화 기능을 넘어 우리의 전반적인 건강과 웰빙에 핵심적인 역할을 합니다. 우리의 장을 돌보는 것은 곧 제2의 뇌를 돌보는 것이며, 이는 신체적 건강뿐만 아니라 정신적 건강에도 큰 영향을 미칩니다.

건강한 장 생태계를 유지하는 것, 그것이 바로 행복하고 건강한 삶의 비결일지도 모릅니다. 우리의 작은 우주, 장을 사랑으로 돌보는 것에서 건강한 삶이 시작됩니다.

Scan and connect

- 유튜브에 연결해서 복잡한 과학적 개념을 생동감 있는 애니메이션으로 만나 보세요.
- 좀 더 자세히 알고 싶으신가요? 수많은 연구결과를 정리한 블로그에서 확인하세요.
- 클로드 아티팩트로 생성한 퀴즈를 풀고 게임도 하면서 새로 알게 된 내용을 확인해 보세요. 미션을 클리어해서 보상도 받으세요.

Claude Artifacts

유튜브 쇼츠
장내 세균 관리법

최신 연구로 알아보는
장내 미생물과 관리방법

퀴즈
장내 미생물과 건강

4장

호흡기 건강

숨쉬는 생태계

상한 음식에만 미생물이 있는 것은 아니에요.
우리가 들이켜는 공기에도 미생물이 있죠.
입안에 있는 미생물이 호흡과 함께 폐로 들어가기도 해요.

미세흡인

숨을 쉴 때마다 침이 미세한 방울로 흩어지면서 기도와 폐로 갑니다. 이때 침에 있는 구강 미생물도 함께 들어가죠.

우리는 매일 약 2만 번의 호흡을 합니다. 그때마다 수많은 미생물이 우리 몸을 드나듭니다. 하지만 걱정하지 마세요. 우리의 호흡기는 놀라운 방어 시스템을 가지고 있답니다.

호흡기는 코에서 시작해 인두, 후두, 기관지를 거쳐 폐로 이어지는 긴 통로입니다. 이 중에서 가장 주목해야 할 곳은 구강인두oropharynx입니다.

구강인두는 입과 목구멍이 만나는 부분으로, 호흡기 중 미생물 밀집도가 가장 높은 곳입니다. 이곳은 호흡기의 관문과 같은 역할을 하죠. 외부에서 들어오는 공기와 함께 유입되는 미생물들을 처음으로 만나는 곳이기 때문입니다.

구강인두의 미생물은 대부분 구강에서 옵니다. 우리가 숨을 쉴 때마다 입안의 타액이 미세한 방울로 흩어지면서 구강 미생물이 호흡기로 들어가는 거죠. 이를 미세흡인micro-aspiration이라고 합니다.

구강인두

호흡기의 관문이며, 호흡기 가운데 미생물이 가장 많이 모여 있는 곳입니다.

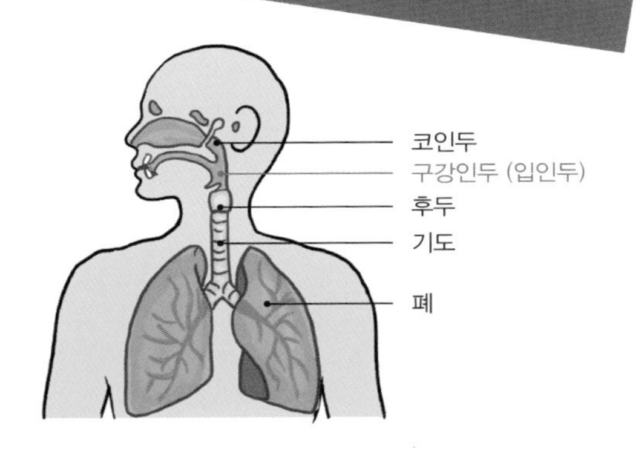

이렇게 구강에서 유래한 미생물들이 구강인두에 정착하고, 나아가 폐까지 이동해 호흡기 전체의 미생물 생태계를 형성합니다. 그래서 건강한 호흡기를 위해서는 건강한 구강 관리가 필수적입니다.

구강인두의 미생물은 크게 세 가지 중요한 역할을 합니다.

- **방어막 형성** 유익균들이 병원균의 침입을 막아줍니다.
- **면역 조절** 면역 세포들과 상호작용하며 우리 몸의 방어 능력을 높입니다.
- **항염 작용** 일부 미생물은 염증을 줄이는 물질을 생성합니다.

폐 건강과 미생물 균형

건강한 폐에 사는 미생물은 폐의 면역과 염증 제어 역할을 합니다. 이 생태계의 균형이 깨어지면 감염이 일어나고요.

하지만 이 균형이 깨지면 문제가 생깁니다. 예를 들어, 구강 위생이 나쁘면 해로운 미생물이 늘어나 호흡기 감염의 위험이 높아집니다. 실제로 잇몸병이 있는 사람들은 폐렴에 걸릴 위험이 더 높다는 연구 결과도 있습니다.

구강인두의 미생물 생태계는 호흡기 건강의 시작점이지만, 이야기는 여기서 끝나지 않습니다. 최근 연구들은 우리가 오랫동안 무균 상태라고 믿었던 폐에도 고유한 미생물 군집이 존재한다는 사실을 밝혀냈습니다. 이는 호흡기 건강에 대한 우리의 이해를 완전히 바꾸어 놓았죠.

건강한 폐에는 미생물 중에서도 주로 프레보텔라*Prevotella*, 사슬알균*Streptococcus*, 베일로넬라*Veillonella* 등의 세균이 살

고 있습니다. 이들은 폐의 면역 기능을 조절하고, 염증 반응을 제어하는 중요한 역할을 합니다.

하지만 이 균형이 무너지면 문제가 생깁니다. 예를 들어, 만성폐쇄성폐질환COPD이나 폐암 환자의 폐에서는 건강한 사람과는 다른 미생물 분포가 관찰됩니다. 또 항생제의 과도한 사용은 폐 미생물의 다양성을 감소시켜 오히려 폐렴 같은 감염성 질환의 위험을 높일 수 있습니다.

폐렴의 경우, 과거에는 단순히 병원균이 침입하여 발생하는 질병으로만 여겼습니다. 하지만 최근 연구는 폐렴이 폐 미생물 생태계의 급격한 변화로 인해 발생할 수 있다는 것을 보여줍니다. 건강한 폐 미생물이 병원균의 과도한 증식을 막아주는 역할을 하는 것이죠.

폐 미생물과 질병

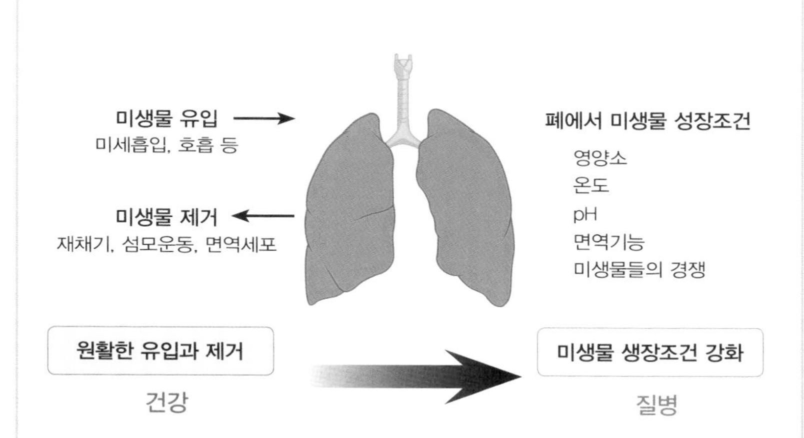

건강한 폐와 폐암의 미생물 구성

낮은 밀도의
안정된 상태

건강한 폐 미생물

프레보텔라
연쇄상구균
베일로넬라
푸소박테리움
박테로이데스
네이세리아

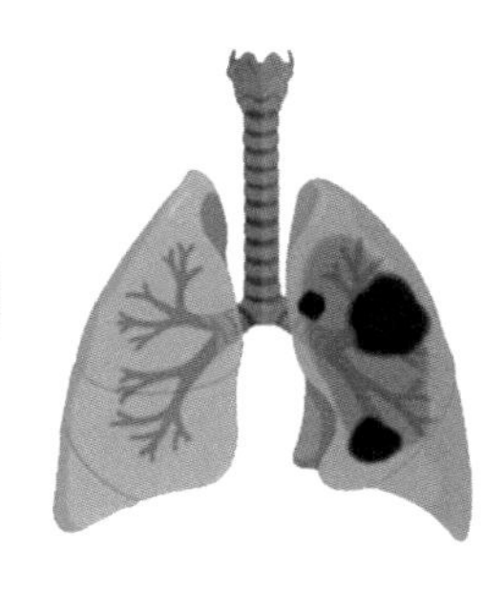

높은 밀도의
불균형 상태

폐암 미생물

폐렴구균
폐렴막대균
헤모필루스
녹농균
모락셀라
베일로넬라

폐 미생물을 건강하게

운동과 식단 관리, 항생제 자제 등은 모든 미생물 생태계의 건강에 중요합니다. 폐에서는 여기에 깨끗한 공기가 추가됩니다.

그렇다면 어떻게 폐 미생물의 건강한 균형을 유지할 수 있을까요?

- **금연** 흡연은 폐 미생물의 다양성을 크게 감소시킵니다.
- **실내 공기 관리** 깨끗한 공기는 건강한 폐에 필수적입니다.
- **규칙적인 운동** 적당한 유산소 운동은 폐 기능을 향상시키고 미생물 다양성을 증가시킵니다.
- **균형 잡힌 식단** 식이섬유가 풍부한 음식은 장 미생물뿐만 아니라 폐 미생물에도 긍정적인 영향을 미칩니다.
- **항생제 자제** 꼭 필요한 경우가 아니라면 항생제 사용을 줄이는 것이 좋습니다.

특히 주목할 만한 것은 장-폐 축Gut-Lung Axis이라는 개념입니다. 최근 연구들은 장 미생물이 폐 건강에도 영향을 미친다는 것을 보여주고 있습니다. 예를 들어, 프로바이오틱스가 호흡기 감염 예방에 도움이 될 수 있다는 연구 결과도 있죠.

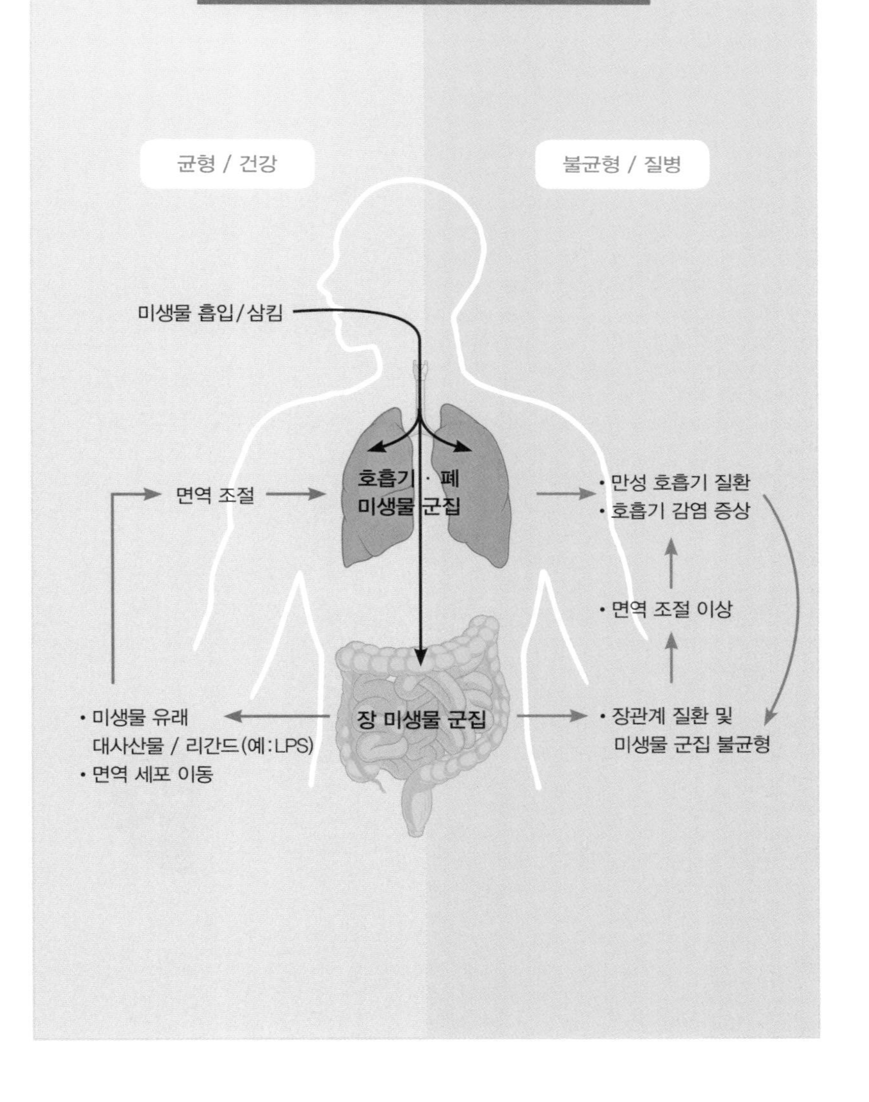
장-폐 축
Gut-Lung Axis
균형 / 건강
불균형 / 질병
미생물 흡입/삼킴
면역 조절
호흡기 · 폐
미생물 군집
• 만성 호흡기 질환
• 호흡기 감염 증상
• 면역 조절 이상
• 미생물 유래
대사산물 / 리간드(예:LPS)
• 면역 세포 이동
장 미생물 군집
• 장관계 질환 및
미생물 군집 불균형

결론적으로, 호흡기 건강은 코에서 시작해 구강, 인두를 거쳐 폐에 이르기까지 전체 호흡기 시스템의 미생물 생태계 균형에 달려 있습니다. 구강 건강 관리가 중요한 시작점이지만, 전체적인 생활 습관 개선을 통해 호흡기 전반의 건강한 미생물 생태계를 유지하는 것이 핵심입니다.

우리가 숨 쉴 때마다 미생물의 우주가 함께 움직입니다. 코부터 폐까지 이어지는 이 놀라운 생태계와 조화롭게 살아가는 것, 그것이 바로 건강한 호흡의 비결입니다.

Scan and connect

- 유튜브에 연결해서 복잡한 과학적 개념을 생동감 있는 애니메이션으로 만나 보세요.
- 좀 더 자세히 알고 싶으신가요? 수많은 연구결과를 정리한 블로그에서 확인하세요.
- 클로드 아티팩트로 생성한 퀴즈를 풀고 게임도 하면서 새로 알게 된 내용을 확인해 보세요. 미션을 클리어해서 보상도 받으세요.

Claude Artifacts

유튜브 쇼츠

호흡기 미생물 관리법

최신 연구로 알아보는

호흡기 미생물과 관리방법

퀴즈

호흡기 미생물과 건강

5장

피부 건강

우리를 감싸는 미생물 막

온 몸을 감싸고 있는 첫 번째 방어선인 피부에는
세균은 물론 곰팡이, 바이러스, 진드기 같은 미생물이
대략 1조 개 정도 살고 있어요.

우리 피부에 사는 미생물

우리 피부에는 세균만이 아니라 바이러스, 곰팡이(진균)도 삽니다. 가장 많은 것은 세균이에요.

우리의 피부는 단순한 신체의 겉면이 아닙니다. 살아있는 생태계이자, 우리 몸의 첫 번째 방어선입니다. 놀랍게도 우리 피부에는 약 1조 개의 미생물이 살고 있어요.

피부 미생물은 크게 네 가지 그룹으로 나눌 수 있습니다. 세균, 곰팡이(진균), 바이러스, 그리고 진드기류입니다. 이 중 가장 많은 비중을 차지하는 것은 세균이고, 주로 프로피오니박테리움*Propionibacterium*, 코리네박테리움*Corynebacterium*, 포도상구균*Staphylococcus*, 사슬알균*Streptococcus* 등이 있습니다.

프로피오니박테리움

코리네박테리움

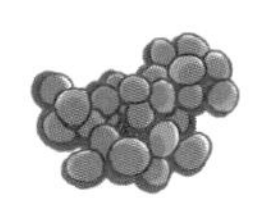

포도상구균

사슬알균

우리 피부에 사는 미생물

우리 피부에는 세균은 물론 진균이나 바이러스도 삽니다.
피부 표면만이 아니라 더 안쪽인 땀샘이나 모낭에도 살죠.

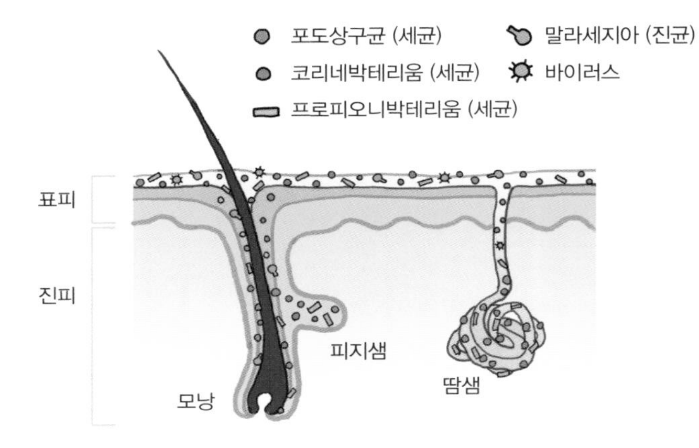

세균과 진균의 차이

가장 큰 차이는 세포 안에 핵이 있느냐 없느냐입니다.
핵이 있으면 진균, 없으면 세균이죠.

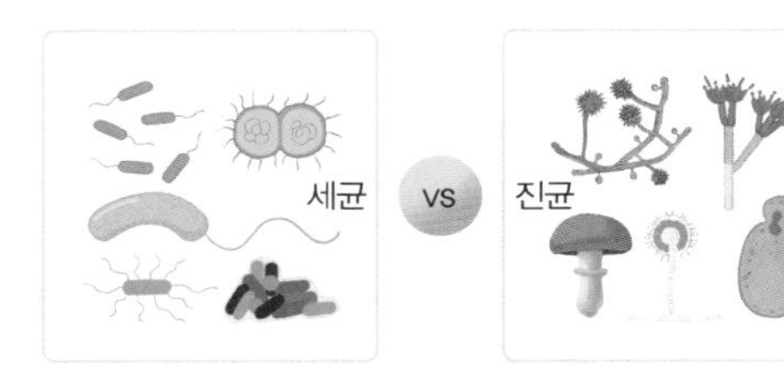

피부 미생물이 하는 일

건강한 피부의 미생물은 해로운 균이 늘어나는 것을 막고, 피부의 면역을 돕습니다. 심지어 보습에도 도움이 되죠.

이 작은 친구들은 우리 피부에서 여러 중요한 역할을 합니다.

- **병원균 방어** 유익균들이 해로운 균의 증식을 막아줍니다.
- **면역 조절** 피부 면역 체계의 발달과 유지를 돕습니다.
- **pH 조절** 피부의 산성도를 유지해 병원균의 침입을 막습니다.
- **보습** 일부 미생물은 피부 보습에 도움을 주는 물질을 생성합니다.

하지만 이 균형이 깨지면 여러 피부 문제가 생길 수 있습니다. 예를 들어, 아토피 피부염 환자의 피부에서는 황색포도상구균*Staphylococcus aureus*이라는 균이 비정상적으로 많이 발견됩니다. 여드름의 경우, 여드름균이라고 불리는 프로피오니박테리움 아크네스*Propionibacterium acnes*라는 균의 과도한 증식이 원인이 될 수 있죠.

황색포도상구균을 억제하는 코리네박테리움

세균들은 우리 몸과도 긴장과 평화를 유지하며 살아가지만, 자기들끼리도 서로 경쟁하고 협력하며 나름의 생태계를 만들어 살아갑니다. 특히 피부 세균인 포도상구균과 코리네박테리움은 경쟁 관계에 있죠. 이 둘이 함께 있으면 코리네박테리움이 포도상구균을 억제합니다.

다음은 감염 부위에 황색포도상구균과 코리네박테리움 스트리아툼을 함께 주입했을 때 어떤 변화가 일어나는지 살펴본 동물실험 결과입니다.

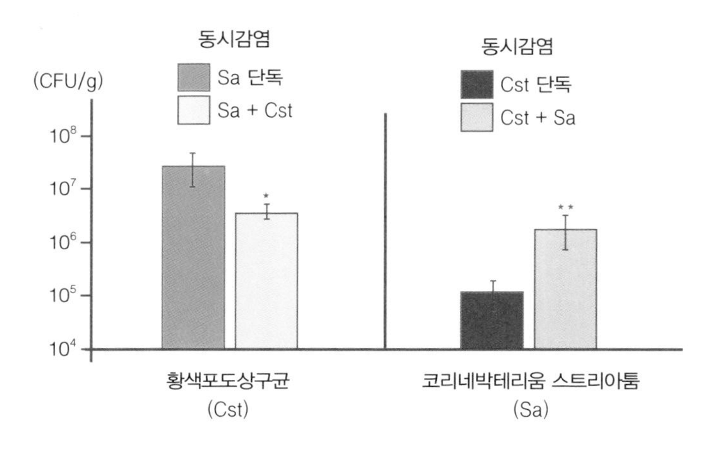

독성을 가진 황색포도상구균은 혼자 있을 때보다 코리네박테리움 스트리아툼을 함께 있을 때 줄어들었습니다.

코리네박테리움 스트리아툼은 혼자 있을 때보다 황색포도상구균과 함께 있을 때 늘어났습니다.

피부 미생물을 건강하게

깨끗하게 씻는다고 능사가 아닙니다. 면역과 보습까지 도와주는 유익한 미생물들까지 죄다 없애버리면 안 돼요.

최근 연구들은 피부 미생물이 단순히 피부 건강뿐만 아니라 전신 건강과도 밀접한 관련이 있다는 것을 보여주고 있습니다. 예를 들어, 피부 미생물이 생성하는 특정 물질들이 전신 염증을 조절하는 데 도움을 줄 수 있다는 연구 결과가 있어요.

그렇다면 어떻게 건강한 피부 미생물 생태계를 유지할 수 있을까요?

- **과도한 세정 피하기** 너무 자주 씻으면 유익균도 함께 제거될 수 있습니다.
- **적당한 보습** 건조한 피부는 미생물 생태계를 교란시킬 수 있습니다.
- **자외선 차단** 과도한 자외선 노출은 피부 미생물에 해로울 수 있습니다.
- **프로바이오틱스 활용** 특정 프로바이오틱스는 피부 건강에 도움을 줄 수 있습니다.

마이크로바이옴 스킨케어

요즘 트렌드인 마이크로바이옴 스킨케어 제품들은 젖산간균이나 비피도박테리움처럼 피부에 유익한 미생물을 활용해서 만듭니다.

- **스트레스 관리** 스트레스는 피부 미생물 균형을 무너뜨릴 수 있습니다.
- **건강한 식단** 오메가-3 지방산, 비타민 D 등이 풍부한 음식은 피부 미생물에 좋습니다.

특히 주목할 만한 것은 '마이크로바이옴 스킨케어'라는 새로운 트렌드입니다. 피부에 유익한 미생물을 직접 공급하거나, 유익균의 성장을 돕는 성분을 사용하는 방식입니다. 예를 들어, 젖산간균이나 비피도박테리움 같은 프로바이오틱스를 함유한 스킨케어 제품들이 출시되고 있죠.

또 피부-장 축Skin-Gut Axis이라는 개념도 주목받고 있습니다. 장내 미생물의 균형이 피부 건강에 영향을 미칠 수 있다는 것이죠. 실제로 특정 프로바이오틱스를 섭취했을 때 아토피 피부염 증상이 개선되었다는 연구 결과도 있습니다.

피부-장 축(Skin-Gut Axis)

하나로 연결된 우리 몸 한가운데 장이 있고 엄청난 규모의 장 미생물이 있습니다. 피부도 거기에 연결되어 있고요.

마지막으로, 우리가 흔히 사용하는 화장품이나 세정제가 피부 미생물에 미치는 영향에 대해서도 생각해볼 필요가 있습니다. 강한 항균 성분이 들어간 제품들은 단기적으로는 효과가 있을지 모르지만, 장기적으로는 피부 미생물의 균형을 무너뜨릴 수 있어요.

건강한 피부는 단순히 겉보기에 깨끗한 피부가 아닙니다. 다양한 미생물이 조화롭게 공존하는 건강한 생태계를 가진 피부야말로 건강한 피부이죠. 우리 피부를 잘 가꾼 정원처럼 생각하고, 그 안의 다양한 생명체들을 보살피는 것이 진정한 피부 관리의 비결입니다.

거품 목욕은 즐겁지만,
거품을 만드는 화학적 계면활성제는
몸을 건조하거나 가렵게 만듭니다.
강한 세정제는 피부 미생물 생태계에
영향을 주고 피부 면역을 망쳐
피부 건강을 해치기 때문입니다.

Scan and connect

- 유튜브에 연결해서 복잡한 과학적 개념을 생동감 있는 애니메이션으로 만나 보세요.
- 좀 더 자세히 알고 싶으신가요? 수많은 연구결과를 정리한 블로그에서 확인하세요.
- 클로드 아티팩트로 생성한 퀴즈를 풀고 게임도 하면서 새로 알게 된 내용을 확인해 보세요. 미션을 클리어해서 보상도 받으세요.

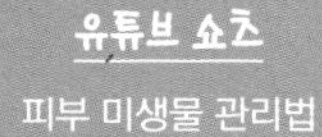

피부 미생물 관리법

최신 연구로 알아보는

피부 미생물과 관리방법

Claude Artifacts

퀴즈

피부 미생물과 관리

6장

여성 건강

질 미생물의 균형

여성의 질은 우리 몸에서 유일하게 다양성이 아니라
독재로 미생물 생태계가 이루어진 곳입니다.
이곳에서는 젖산간균의 독재가 균형이죠.

젖산간균

유산간균이라고도 하고, 프로바이오틱스로 많이 사용됩니다.
장에서는 식이섬유를 분해해 면역을 돕는 물질을 만들어요.

여성의 건강은 복잡하고 다양한 요소들이 관여하지만, 오늘은 특별히 여성 생식기, 그 중에서도 질 내 미생물 생태계에 대해 이야기해 보려 합니다. 이 작은 우주는 여성의 전반적인 건강에 놀라운 영향을 미치고 있습니다.

건강한 여성의 질 내부는 주로 젖산간균*Lactobacillus*이라는 유산균이 우점하고 있습니다. 이는 다른 신체 부위와는 매우 다른 특징인데, 질 미생물의 70% 이상을 차지할 정도로 압도적입니다. 이런 젖산간균의 '독재'는 여성의 건강을 위해 매우 중요합니다.

젖산간균

젖산간균이 하는 일

병원균이 증식하지 못하게 하고, 질벽을 보호하는 막을 만드는 것도 돕습니다. 감염을 예방하는 일도 하죠.

젖산간균는 다음과 같은 중요한 역할을 합니다.

• pH 조절	질 내부를 산성(pH 3.8~4.5)으로 유지해 병원균의 증식을 억제합니다.
• 과산화수소 생성	이 물질은 해로운 균들의 성장을 막습니다.
• 점막 보호	질 벽을 보호하는 생물막 형성을 돕습니다.
• 면역 조절	국소 면역 반응을 조절해 감염을 예방합니다.

하지만 이 균형이 깨지면 여러 문제가 발생할 수 있습니다. 대표적인 것이 세균성 질증Bacterial Vaginosis: BV입니다. 또 캔디다라는 곰팡이 균이나 트리코모나스라는 원충류가 늘어나면 질염을 일으킬 수 있습니다. 이 상태에서는 젖산간균의 수가 줄어들고, 가드네렐라*Gardnerella*나 프레보텔라*Prevotella* 같은 다른 세균들이 과도하게 증식합니다. 젖산간균의 독재로 일루어진 질 미생물 균형이 깨어지는 것이죠.

독재와 균형

여성의 질 미생물 군집은 매우 특이합니다. 젖산간균의 독재가 균형이고 질 건강의 관건이죠.

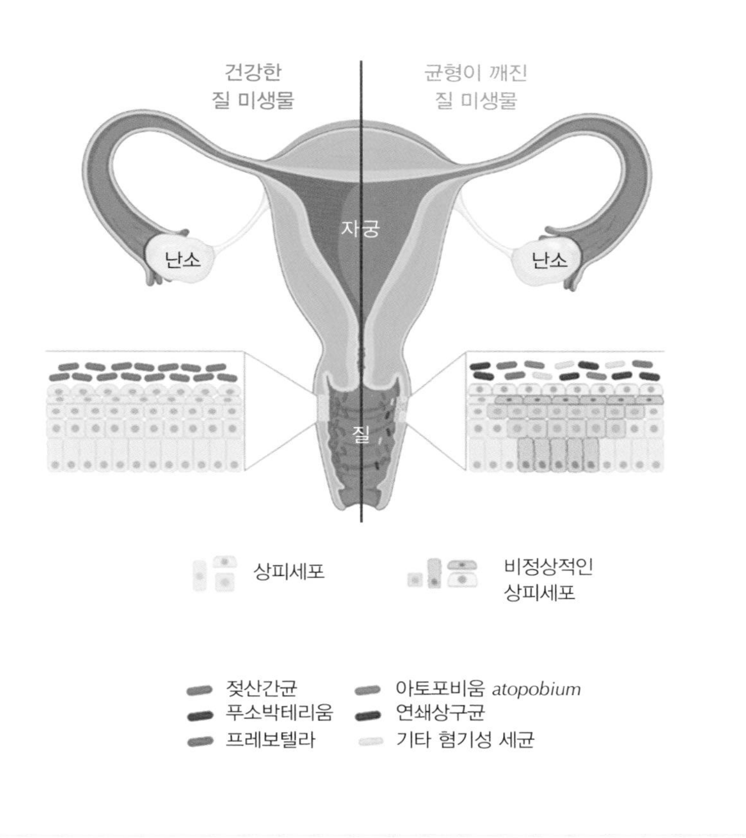

균형이 무너지면

질 미생물 불균형은 조산, 저체중아 출산, 에이즈(AIDS) 바이러스 감염, 불임, 자궁경부암 등에 영향을 줄 수 있어요.

최근 연구들은 질 미생물 균형이 단순히 질염 같은 국소 문제를 넘어 전신 건강과도 밀접한 관련이 있다는 것을 보여주고 있습니다.

질 미생물 균형이 전신 건강과 관련이 있다는 것을 보여주는 예를 들어 보겠습니다.

1. 임신과 출산 질 미생물 불균형이 조산이나 저체중아 출산 위험과 관련이 있다는 연구 결과가 있습니다.

2. 성 전파성 감염 건강한 질 미생물 군집은 HIV나 HPV 같은 성 전파성 감염에 대한 방어력을 높입니다.

3. 불임 일부 연구는 특정 질 미생물 구성이 불임과 연관될 수 있다는 것을 밝혔습니다.

4. 자궁경부암 HPV 감염과 자궁경부암 발달 위험이 질 미생물 구성과 관련이 있다는 증거가 있습니다.

그렇다면 어떻게 건강한 질 미생물 생태계를 유지할 수 있을까요?

• 적절한 위생 관리	과도한 세정은 오히려 해롭습니다. 물과 순한 비누로 외음부만 씻는 것이 좋습니다.
• 프로바이오틱스 섭취	젖산간균이 풍부한 요구르트나 프로바이오틱스 보충제가 도움될 수 있습니다.
• 항생제 사용 주의	꼭 필요하지 않으면 항생제 사용을 피하세요.
• 건강한 식단	설탕이 많은 음식은 해로운 균의 성장을 촉진할 수 있습니다.
• 안전한 성관계	콘돔 사용은 외부 균의 유입을 막아줍니다.
• 스트레스 관리	만성 스트레스는 질 미생물의 균형을 무너뜨릴 수 있습니다.

나이에 따른 미생물 변화

폐경기에는 에스트로겐 감소로 젖산간균이 줄어들 수 있습니다.
이런 변화를 이해하고 대응하는 것이 중요합니다.

특히 주목할 만한 것은 '질-장 축Vagina-Gut Axis'이라는 개념입니다. 장 미생물의 건강이 질 미생물 균형에도 영향을 미칠 수 있다는 것이죠. 따라서 장 건강을 위한 노력이 결과적으로 질 건강에도 도움이 될 수 있습니다.

또 생애주기에 따른 질 미생물의 변화도 중요합니다. 예를 들어, 폐경기 여성의 경우 에스트로겐 감소로 인해 젖산간균의 수가 줄어들 수 있습니다. 이런 변화를 이해하고 적절히 대응하는 것이 중요합니다.

마지막으로, 여성 건강 제품을 선택할 때 미생물 생태계를 고려해야 합니다. 강한 향이나 항균 성분이 들어간 제품들은 건강한 균까지 제거할 수 있으므로 주의가 필요합니다.

여성의 건강은 단순히 질병의 부재가 아닙니다. 몸 전체의 균형, 특히 눈에 보이지 않는 미생물 세계의 균형을 포함합니다. 질 미생물 생태계를 이해하고 관리하는 것은 전반적인 여성 건강을 위한 중요한 첫걸음입니다.

Scan and connect

- 유튜브에 연결해서 복잡한 과학적 개념을 생동감 있는 애니메이션으로 만나 보세요.
- 좀 더 자세히 알고 싶으신가요? 수많은 연구결과를 정리한 블로그에서 확인하세요.
- 클로드 아티팩트로 생성한 퀴즈를 풀고 게임도 하면서 새로 알게 된 내용을 확인해 보세요. 미션을 클리어해서 보상도 받으세요.

유튜브 쇼츠

요로 생식기 건강 관리법

blog

NAVER 블로그

최신 연구로 알아보는

요로 생식기 미생물과 관리방법

Claude Artifacts

퀴즈

요로 생식기 미생물과 건강

7장

마음 건강

미생물과 정신의 놀라운 연결

우리 몸의 관제탑, 뇌는 당연히 장에도 영향을 미칩니다. 그렇다고 장이 일방적으로 뇌의 명령만 받는 것은 아니에요. 장 역시 뇌에 영향을 미쳐 우리 기분을 좌우하고 성격도 바꿉니다.

모든 질병은 장에서 시작된다

히포크라테스의 말입니다. 현대 과학은 이 오래된 지혜의 진실을 이제 밝혀내고 있습니다.

3장 '장 건강'편에서 배짱 혹은 gut feeling에 대해 이야기한 것 기억하시나요? 장 건강과 마음 건강, 뇌 건강이 밀접하게 연관되어 있다는 것을 직관적으로 담은 말이죠. "모든 질병은 장에서 시작된다"는 말을 들어보셨나요? 히포크라테스의 말인데요, 이 말 역시 마찬가지 맥락입니다.

그런데 놀라운 것은 현대 과학이 이제 이 오래된 지혜의 진실을 밝혀내고 있다는 것입니다. 특히 놀라운 것은 우리의 장내 미생물이 단순히 신체 건강뿐만 아니라 정신 건강에도 깊이 관여한다는 사실이죠.

최근 연구들은 우리 몸 속 미생물, 특히 장 미생물이 우리의 기분, 행동, 심지어 인지 기능에까지 영향을 미친다는 것을 보여주고 있습니다. 이는 '장-뇌 축Gut-Brain Axis'이라는 개념을 통해 설명됩니다.

장-뇌 축

장-뇌 축은 장 미생물, 장 신경계, 미주신경, 그리고 뇌를 연결하는 복잡한 네트워크입니다. 이를 통해 장 미생물이 우리의 기분, 행동, 인지 기능에 영향을 미칠 수 있다는 것이 밝혀지고 있고요.

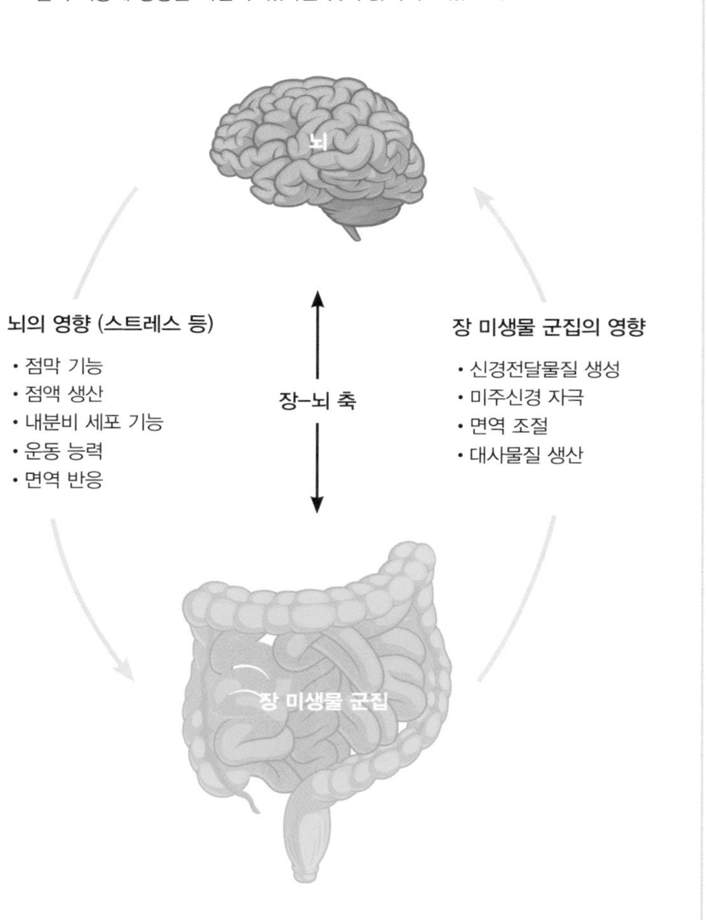

장 미생물의 영향을 보여주는 실험

소심한 쥐에게 용감한 쥐에서 채취한 장 미생물을 주입했더니 행동이 과감해졌습니다. 그 반대도 같은 결과였고요.

장-뇌 축은 장내 미생물, 장 신경계, 미주신경, 그리고 뇌를 연결하는 복잡한 네트워크입니다. 이를 통해 장 미생물이 우리의 기분, 행동, 인지 기능에 영향을 미칠 수 있다는 것이 밝혀지고 있어요.

이 놀라운 연결의 메커니즘은 다음과 같습니다.

1. **신경전달물질 생성** 장 미생물은 세로토닌, 도파민 같은 신경전달물질을 직접 생산하거나 그 생산에 관여합니다.
2. **미주신경 자극** 장 미생물이 생성하는 물질들이 미주신경을 통해 뇌에 신호를 보냅니다.
3. **면역 조절** 장 미생물은 면역 반응을 조절하여 뇌의 염증에 영향을 미칩니다.
4. **대사산물 생성** 장 미생물이 만드는 단쇄지방산 같은 물질들이 뇌 기능에 영향을 줍니다.

장-뇌 축의 영향

지금도 계속 연구되는 분야이지만, 우울증, 불안장애, 자폐증, 알츠하이머병과 연관이 있다는 연구 결과는 나오고 있습니다.

과거에는 장과 뇌의 연결망은 호르몬과 신경망으로 이루어진다고 생각했습니다. 하지만 최근에는 장 미생물의 역할이 부각되고 있습니다. 장 미생물이 뇌에 직접 침투해 영향을 주는 것이 아니라, 장의 건강을 통해 간접적으로 뇌 건강에 영향을 줄 수 있다는 것이죠.

최근 연구들은 이런 장-뇌 축의 작용이 다양한 정신 건강 문제와 연관되어 있음을 보여주고 있습니다. 어떤 문제와 관련이 있는지 하나하나 살펴볼까요?

우울증 특정 프로바이오틱스가 우울 증상을 완화시킬 수 있다는 연구 결과가 있습니다.

불안장애 장 미생물 다양성이 낮은 사람들이 불안 증상을 더 많이 겪는다는 보고가 있어요.

자폐증 자폐증 환자들의 장 미생물 구성이 일반인과 다르다는 것이 발견되었습니다.

알츠하이머병 장 미생물이 알츠하이머병의 진행과 연관이 있다는 증거들이 나오고 있습니다.

운동과 뇌

육체 운동을 하면 뇌도 좋아집니다. 뇌도 일종의 근육이니 운동을 하라고 권하는 연구자들이 있을 정도입니다.

그렇다면 어떻게 하면 장 미생물을 통해 마음 건강을 개선할 수 있을까요?

• 식단 개선

- **발효식품 섭취** 김치, 요구르트 등은 프로바이오틱스의 좋은 공급원입니다.
- **식이섬유 섭취** 과일, 채소, 통곡물은 좋은 미생물의 먹이입니다.
- **오메가-3 지방산** 생선, 견과류 등에 풍부하며 항염증 효과가 있어요.

• 규칙적인 운동 규칙적인 운동은 장 미생물 다양성을 증가시키고 스트레스를 줄입니다.

• 스트레스 관리 명상, 요가 등의 활동이 장 미생물 균형에 도움이 될 수 있습니다.

• 수면 관리 충분한 수면은 장 미생물 리듬 유지에 중요해요.

• 항생제 사용 주의 꼭 필요한 경우가 외엔 항생제 사용을 자제해요.

• 프로바이오틱스 전문가와 상담 후 적절한 프로바이오틱스 보충을 고려해볼 수 있습니다.

사이코바이오틱스

불안이나 우울증 등을 줄여 정신 건강에 도움이 되는 프로바이오틱스를 말합니다.

특히 주목할 만한 것은 '사이코바이오틱스Psychobiotics'라는 새로운 개념입니다. 이는 정신 건강에 긍정적인 영향을 미치는 프로바이오틱스를 말합니다. 예를 들어, 젖산간균 람노서스*Lactobacillus rhamnosus*나 비피도박테리움 롱검 *Bifidobacterium longum* 같은 균주가 불안과 우울 증상을 완화시킬 수 있다는 연구 결과가 있어요.

마지막으로, 장-뇌 축은 양방향으로 작용한다는 점을 기억해야 합니다. 즉, 우리의 생각과 감정도 장 미생물에 영향을 줄 수 있다는 거죠. 긍정적인 마음가짐, 스트레스 관리, 명상 등이 장 미생물 균형에 도움이 될 수 있습니다.

우리의 마음 건강은 뇌 속에만 있는 것이 아닙니다. 그것은 우리 몸 전체, 특히 장 미생물과 긴밀하게 연결되어 있습니다. 건강한 장 미생물을 가꾸는 것이 곧 건강한 마음을 가꾸는 길일 수 있습니다. 우리 안의 작은 우주를 돌보며, 더 행복하고 건강한 삶을 향해 나아가 봅시다.

Scan and connect

- 유튜브에 연결해서 복잡한 과학적 개념을 생동감 있는 애니메이션으로 만나 보세요.
- 좀 더 자세히 알고 싶으신가요? 수많은 연구결과를 정리한 블로그에서 확인하세요.
- 클로드 아티팩트로 생성한 퀴즈를 풀고 게임도 하면서 새로 알게 된 내용을 확인해 보세요. 미션을 클리어해서 보상도 받으세요.

유튜브 쇼츠

뇌 미생물과 치매, 우울증 예방 관리법

블로그

최신 연구로 알아보는

뇌 미생물과 치매, 우울증 예방 관리법

Claude Artifacts

퀴즈

뇌 미생물과 치매, 우울증

8장

통생명체 건강을 위한 일상 가이드

복잡하고 정교한 균형을 이루고 있는 우리 몸을 위해
우리는 무엇을 어떻게 하는 게 좋을까요?

통생명체의 건강

우리 몸은 많은 장기와 여러 부위, 엄청난 규모의 미생물로 이루어진 통생명체입니다. 건강은 총체적 접근이 필요하죠.

지금까지 우리는 인체의 각 부위별로 미생물이 어떻게 건강에 영향을 미치는지 살펴보았습니다. 이제 우리 몸을 하나의 통합된 생태계, 즉 '통생명체'로 바라보며 전체적인 건강 관리 방법에 대해 이야기해 보겠습니다.

통생명체로서의 우리 몸은 복잡하고 정교한 균형을 이루고 있습니다. 한 부위의 변화가 전체에 영향을 미칠 수 있죠. 장 미생물 군집을 중심으로 장-뇌, 장-폐, 질-장, 피부-장이 소통하며 영향을 주고받습니다. 따라서 건강 관리도 개별적이 아닌 총체적 접근이 필요합니다.

1. 생태계적 사고의 중요성

우리 몸을 하나의 생태계로 바라보는 것은 건강 관리에 새로운 시각을 제공합니다. 예를 들어, 단순히 증상을 없애는 것이 아니라 전체적인 균형을 회복하는 데 초점을 맞추게 됩니다.

2. 상호연결성 이해하기

장 미생물이 뇌 기능에 영향을 미치고, 구강 건강이 심장 질환과 연관되는 등 우리 몸의 각 부분은 긴밀히 연결되어 있습니다. 이러한 상호연결성을 이해하고 고려하는 것이 중요합니다.

3. 항생제와 살균제 사용에 대한 새로운 시각

항생제나 살균제의 무분별한 사용은 유익균까지 해칠 수 있습니다. 꼭 필요한 경우에만 사용하고, 사용 후에는 미생물 생태계 회복에 신경 써야 합니다.

4. 통합적 생활 습관 개선

개별적인 습관 개선보다는 전체적인 생활 방식의 변화가 더 효과적일 수 있습니다. 예를 들어 보겠습니다.

- 시간 기반 식사법Time-Restricted Eating : 일정 시간 동안만 식사를 하는 방법으로, 장 미생물의 일주기 리듬을 개선할 수 있습니다.
- 자연과의 접촉 늘리기 : 다양한 환경 미생물에 노출되어 면역 체계를 강화할 수 있습니다.
- 마음챙김 실천 : 스트레스 관리를 통해 전반적인 미생물 균형을 유지할 수 있습니다.

5. 세대 간 건강 고려하기

우리의 미생물은 출생할 때부터 형성되기 시작하며, 부모에게 상당 부분 물려받습니다. 따라서 임신 중 및 유아기의 미생물 관리가 중요합니다.

6. 환경과의 조화

우리는 환경과 끊임없이 상호작용하는 존재입니다. 환경 오염, 기후 변화 등이 우리 체내 미생물에도 영향을 미칩니다. 친환경적인 생활은 곧 우리 건강을 위한 것이기도 합니다.

7. 정기적인 미생물 검사 고려

미생물 검사 기술이 발전함에 따라, 정기적으로 자신의 미생물 구성을 확인하고 관리하는 것이 가능해지고 있습니다. 이를 통해 더 정밀한 건강 관리가 가능해질 것입니다.

8. 지속 가능한 습관 만들기

일시적인 변화가 아닌 지속 가능한 생활 습관을 만드는 것이 중요합니다. 작은 변화부터 시작해 점진적으로 개선해 나가는 것이 좋습니다.

결론적으로, 통생명체로서의 건강 관리는 단순히 질병을 예방하거나 치료하는 것을 넘어, 우리 몸과 마음, 그리고 우리를 둘러싼 환경 전체의 조화로운 균형을 추구하는 것입니다. 이는 평생에 걸친 여정이며, 우리 자신과 우리 안의 작은 우주를 더 깊이 이해하고 돌보는 과정입니다.

통생명체를 위한 건강 가이드

통생명체로서의 우리 몸은 복잡하고 정교한 균형을 이루고 있습니다. 한 부위의 변화가 전체에 영향을 미칠 수 있죠. 따라서 건강 관리도 개별적이 아닌 총체적 접근이 필요합니다.

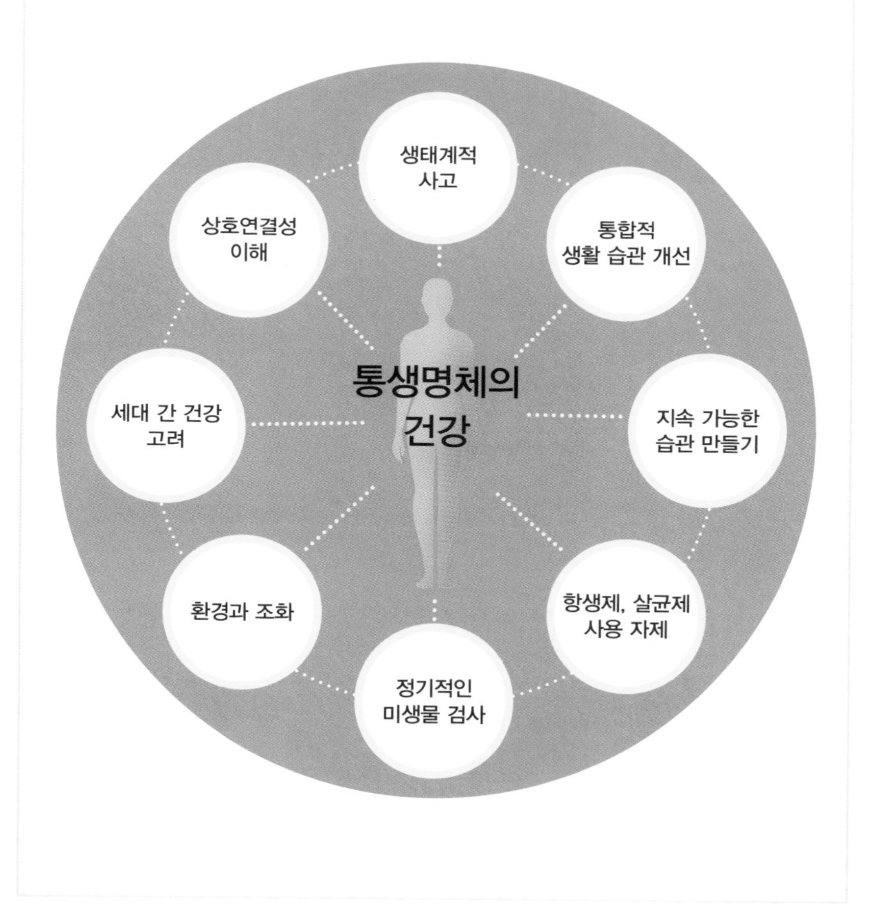

운동, 노화를 막는 가장 효과적인 약

40대 남성의 허벅지

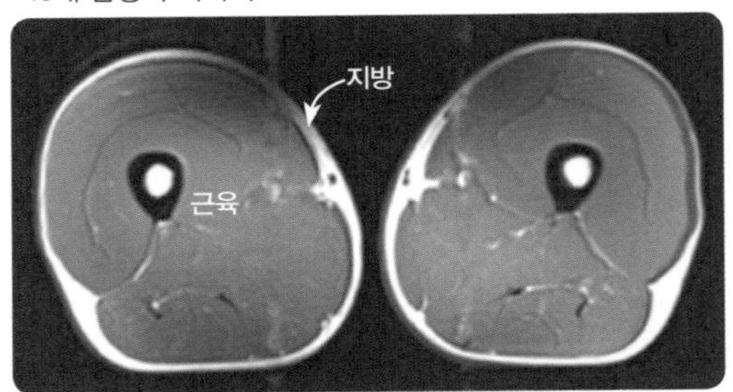

주로 앉아서 생활하는 70대 남성의 허벅지

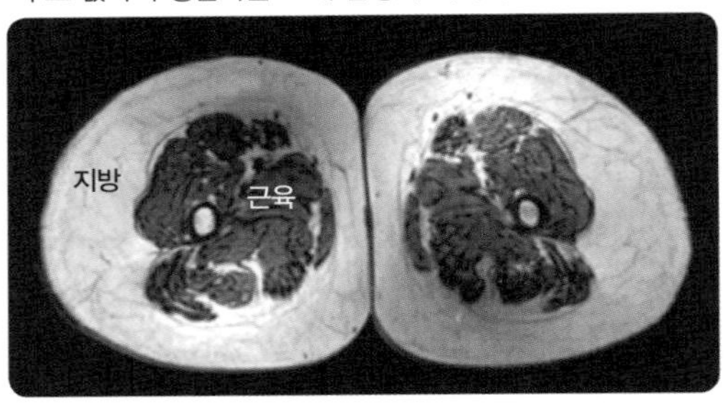

3종 경기에 참가한 70대 남성의 허벅지

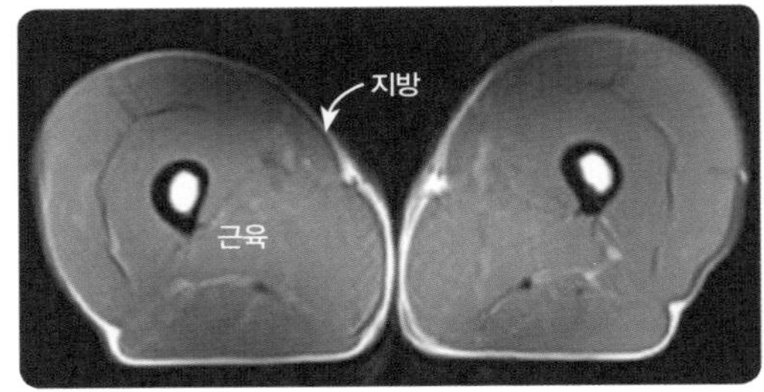

Scan and connect

- 유튜브에 연결해서 복잡한 과학적 개념을 생동감 있는 애니메이션으로 만나 보세요.
- 좀 더 자세히 알고 싶으신가요? 수많은 연구결과를 정리한 블로그에서 확인하세요.
- 클로드 아티팩트로 생성한 퀴즈를 풀고 게임도 하면서 새로 알게 된 내용을 확인해 보세요. 미션을 클리어해서 보상도 받으세요.

유튜브 쇼츠

생활습관 건강관리의 핵심, 점막면역

blog

블로그

최신 연구로 알아보는

생활습관 건강관리의 핵심, 점막면역

Claude Artifacts

퀴즈

점막면역과 생활습관

결론

통생명체의 건강과 인공지능 시대의 새로운 의료 패러다임

우리에게 인공지능이라는 새로운 동반자가 생겼습니다.
인공지능의 방대한 의학 지식과 데이터는 어떻게 활용될까요?

인공지능 시대의 건강

의료에서 환자와 의사 사이에 인공지능이 들어오면서 진단과 치료 계획에 방대한 의학 지식과 데이터가 사용될 것입니다.

우리는 지금까지 인체를 하나의 통합된 생태계, 즉 '통생명체'로 바라보며 건강 관리에 대해 탐구해 왔습니다. 이러한 관점은 우리 몸과 그 안에 살고 있는 수많은 미생물들이 서로 밀접하게 연결되어 있음을 보여줍니다.

그리고 이제 우리는 또 다른 혁명적인 변화의 문턱에 서 있습니다. 바로 인공지능의 시대입니다.

인공지능은 의료 분야에 큰 변화를 가져오고 있습니다. 과거 의사와 환자 간의 양자 관계였던 의료 상담이 이제는 '의사-인공지능-환자'라는 삼각 관계로 진화하고 있습니다. 이는 단순히 정보의 추가가 아니라, 의사 결정 과정의 질적 변화를 의미합니다.

인공지능은 방대한 의학 지식과 데이터를 바탕으로 진단과 치료 계획을 제안할 수 있습니다. 그러나 이는 의사의 역할을 대체하는 것이 아니라, 오히려 보완하고 강화하는 역할을 합니다. 의사는 인공지능의 제안을 바탕으로 더 정확한 진단을 내리고, 개별 환자의 상황에 맞는 최적의 치료법을 선택할 수 있게 됩니다.

환자의 입장에서도 인공지능은 큰 도움이 될 수 있습니다. 자신의 증상이나 궁금증에 대해 언제든 빠르게 정보를 얻을 수 있고, 이를 바탕으로 의사와 더 깊이 있는 대화를 나눌 수 있게 됩니다. 이는 환자의 자기 결정권과 참여를 강화하는 결과로 이어질 것입니다.

특히 통생명체 건강 관리의 관점에서 인공지능의 역할은 더욱 중요해질 것입니다. 인체 내 미생물 생태계의 복잡성과 개인 간의 차이를 고려할 때, 인공지능은 각 개인의 미생물 프로필을 분석하고 최적의 건강 관리 방법을 제시하는 데 큰 도움이 될 수 있습니다. 예를 들어, 개인의 장내 미생물 구성, 생활 습관, 유전적 요인 등을 종합적으로 분석하여 맞춤형 식단이나 생활 습관 개선 방안을 제시할 수 있을 것입니다.

통생명체와 인공지능

인공지능은 개인마다 다른 미생물 프로필을 분석하고 최적의 건강 관리 방법을 제시하는 데 도움이 될 것입니다.

그러나 이러한 변화 속에서도 우리가 잊지 말아야 할 것이 있습니다. 그것은 바로 인간적 접촉touch의 중요성입니다. 의사의 경험과 직관, 환자에 대한 공감과 이해는 어떤 인공지능도 완전히 대체할 수 없는 요소입니다. 따라서 미래의 이상적인 의료 환경은 인공지능의 정확성과 효율성, 의사의 전문성과 인간미, 그리고 환자의 적극적인 참여가 조화롭게 어우러진 모습일 것입니다.

우리는 이제 새로운 시대의 문턱에 서 있습니다. 통생명체로서의 우리 몸에 대한 이해가 깊어지고, 인공지능이라는 강력한 도구를 갖게 된 지금, 우리는 그 어느 때보다 건강하고 행복한 삶을 영위할 수 있는 기회를 맞이하고 있습니다. 이 새로운 패러다임 속에서 우리 각자가 자신의 건강에 대해 더 깊이 이해하고, 적극적으로 관리해 나가는 주체가 되기를 희망합니다.

건강은 단순히 질병이 없는 상태를 가리키는 말이 아닙니다. 우리 몸 안팎의 모든 요소들이 조화롭게 균형을 이루는 상태를 말하지요. 이제 우리는 인공지능이라는 새로운 동반자와 함께 이 복잡하고 아름다운 균형을 더욱 잘 이해하고 관리할 수 있게 되었습니다. 여러분 모두가 이 새로운 여정에서 건강하고 행복한 삶을 누리시기를 바랍니다.

감사합니다.

건강은 단순히 질병이 없는 상태를
가리키는 말이 아닙니다.
우리 몸 안팎의 모든 요소들이
조화롭게 균형을 이룬 상태입니다.

여러분 모두
건강하고 행복한 삶을 누리시기를 바랍니다.

Challenge! OX Quiz

- 우리는 미생물에 대해 얼마나 알고 있을까요?
- 구강 미생물에 관한 오해와 진실! OX 퀴즈로 알아보세요.

Microbiome Remodeling

- 우리 몸 미생물 군집은 건강할까요?
- 유해균이 얼마나 있는지 검사하고, 프로바이오틱스를 이용해 건강한 미생물 군집이 형성되도록 도울 수 있습니다.